AF596845

LES

GRANDS VINS DE TABLE

OU

OBSERVATIONS PRATIQUES

SUR LES VINS FINS DE FRANCE

PARIS

IMPRIMERIE DE L. TINTERLIN ET Ce

Rue Neuve-des-Bons-Enfants, 3.

LES

GRANDS VINS DE TABLE

OU

OBSERVATIONS PRATIQUES

SUR LES VINS FINS DE FRANCE

NOTES MANUSCRITES

PAR M. JOSEPH-JULES LAUSSEURE

MISES EN ORDRE ET PUBLIÉES

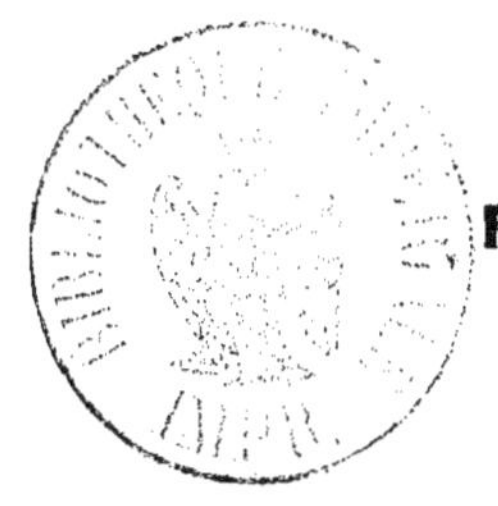

PAR JULES LAUSSEURE

PARIS

AMYOT, 8, RUE DE LA PAIX

DIJON
LAMARCHE, LIBRAIRE

BORDEAUX
CHAUMAS, LIBRAIRE

1858

AVANT-PROPOS.

Je me décide à livrer au public des notes manuscrites de mon père sur la question des vins et particulièrement des vins fins de France. Ces notes intéressent le producteur, le négociant et le consommateur tout à la fois. Les faits qui se sont produits depuis quelques années ont confirmé les prévisions et consacré les connaissances profondes d'un juge que tout le monde savait impartial, et le plus compétent peut-être qui ait écrit sur ces questions. Si ces notes peuvent en outre mettre le public au courant du sujet si peu traité encore des vins mousseux, je ne regretterai pas d'avoir publié un manuscrit qui était destiné plutôt à rester parmi nous comme un héritage de famille qu'à devenir un guide pour tous.

Nous sommes à une époque de progrès telle , qu'aussi bien pour les vins de Bordeaux, de Champagne, de Bourgogne que pour tous les autres, le consommateur est victime de la substitution des crus et de l'altération des qualités comme cela ne s'était pas encore vu.

Depuis plusieurs années on fait les vins de Bordeaux de manière à leur donner l'apparence des Bourgogne. Beaucoup de couleur, *de sève* (disent les Bordelais pour exprimer le corps) et de richesse, voilà ce qui se recherche; voilà ce qu'on préfère.

Aussi devient-il fort rare de rencontrer de bons Bordeaux ; on a détruit dans ces vins tout ce qui en faisait le mérite à nos yeux : la délicatesse, la légèreté et partant la finesse. Nous ne parlerons qu'en passant de l'alcool et du sucre, qui jouent un rôle considérable dans cette transformation des vins du Médoc.

Les Bourgogne sont complétement dénaturés. La majorité des consommateurs s'est persuadée que ces vins devaient être forts et alcooliques; c'est pourquoi on ne lui livre plus sous le nom de Bourgogne qu'un liquide épais et lourd, bien plutôt fait pour dégoûter des bourgogne que pour engager l'amateur à en boire. Aussi ce ne sont plus des vins de la Côte-d'Or que l'on boit, mais des vins du Midi ou leurs équivalents ; et d'affreux vins ce sont ! Ce que nous disons se prouve de soi-même. N'a-t-on pas été jusqu'à inventer de faire *geler* les vins, afin d'en détacher la partie aqueuse et de laisser la partie alcoolique dominer entièrement le liquide ? Qui dit : vin *gelé* dit : vin *dénaturé*. On en est venu ainsi à remplacer dans les Bourgogne les qualités distinctives telles que le moelleux, le goût, la richesse, le bouquet et la fraîcheur par la douceur, l'alcool, l'épaisseur et l'odeur ; c'est-à-dire que les produits de ces riches coteaux si bien nommés « la Côte-d'Or » sont presque ignorés du public.

Quant aux Vins mousseux, toutes les maisons consciencieuses qui en préparent de naturels déplorent comme nous l'introduction des vins fabriqués à l'aide de l'alcool. Il devient impossible de distinguer la nature du vin mousseux, on ne peut plus déterminer d'origine ni découvrir un type quelconque ; cette fabrication est plus que de la fantaisie ! Nous ne voyons cependant pas pourquoi l'on ne conserverait pas au vin mousseux les qualités que la nature lui donne. Parce qu'un vin mousse (c'est-à-dire qu'il est mis en bouteille pendant sa fermentation), est-ce une raison pour remplacer le goût, la finesse, le bouquet et l'agrément d'un Bouzy, d'un Volnay ou d'un Romanée par l'alcool ? C'est une inconcevable erreur ! Rien ne l'excuse, pas même l'insuffisance de produit des vignobles comparativement à la consommation de ces vins.

Je soumets donc ces notes essentiellement pratiques de mon père à la publicité, dans l'espoir de convaincre les propriétaires de la nécessité d'une culture modérée; d'encourager les négociants scrupuleux à respecter les classifications reconnues et à ne pas amoindrir la valeur des crus par l'avilissement des prix, et aussi d'aider les consommateurs à se détacher des préjugés qui les dominent et à trouver ce qu'ils doivent rechercher avant tout : la vérité, la nature en un mot. On doit être aussi sévère pour n'accepter un breuvage que dans toute sa pureté qu'on l'est pour ne consommer que des viandes saines. Il est donc de l'intérêt général que les personnes compétentes s'efforcent d'éclairer le public sur un point aussi important de l'hygiène, et il est à désirer que producteurs, négociants et consommateurs s'unissent contre les introducteurs de la *fausse monnaie*, comme qualifiait si bien mon père ceux qui inondent les grands marchés du monde de vins fins à bas prix. Il faut enfin que celui qui boit fasse usage d'un vin sain, qu'il sache qu'il lui importe au plus haut point d'obtenir le produit naturel, et que tous les vins fins de France sont bons et sains, qu'ils soient représentés par du Bouzy, du Château-Laffite ou de la Romanée-Conti.

Le lecteur comprendra sans peine que les observations générales qui terminent cette brochure se rapportent en partie à l'époque où elles furent écrites (1843 à 1847). Cependant, pour être posthume, l'œuvre n'a rien perdu de son intérêt; tout au contraire, les événements qui se sont succédé ne font que donner plus de force à la pensée. Des motifs particuliers en avaient empêché la publication depuis la mort de mon père. J'ai à le regretter pour ma part, mais ces notes n'y perdront rien; elles sont pleines d'actualité, et doivent d'autant plus être mises au jour qu'elles ont été dictées par un sentiment d'intérêt général.

JULES LAUSSEURE.

Paris, juin 1858.

P. S. Je joins à cette publication la carte des communes produisant les bons vins de la Côte-d'Or, carte publiée en 1847 par mon père. Les appréciations qu'elle indique des divers crus sont unanimement adoptées et font foi dans la Côte-d'Or. Le lecteur n'en sera que plus à même de suivre le chapitre des grands vins de Bourgogne contenu dans ce petit ouvrage.

LES

GRANDS VINS DE TABLE

OBSERVATIONS PRÉLIMINAIRES

L'excellent écrit de M. Lanquetin (1), relatif aux réclamations des comités vinicoles, avait jeté une grande lumière sur la question dont on s'occupe depuis longtemps. On pouvait puiser dans ces renseignements tout ce qu'il fallait pour régir la matière et arriver à des réformes que la moralité réclame avec non moins de force que l'intérêt des propriétaires et celui du commerce régulier surtout, menacé de ruine s'il ne descend pas à se déshonorer par la fraude.

Il est de la dernière évidence qu'il n'y a pas de combinaisons commerciales qui puissent lutter contre la concurrence faite avec de l'eau. Cette fausse monnaie, vendue impunément dans Paris, se frappera bientôt sur tous les points de grande consommation,

(1) Coup d'œil sur la réclamation des comités vinicoles, par M. Lanquetin. In-8°. Paris, 1843.

et particulièrement dans les villes où l'on peut ainsi frauder des droits énormes.

Il est bien évident aussi que, sans le secours de l'alcool, tous ces ignobles et malfaisants mélanges ne pourraient avoir lieu ; c'est donc de ce côté que devait se porter toute l'attention des réformateurs. En effet, pourquoi cette faveur accordée aux vins du Midi, au détriment de tous les vignobles et principalement de ceux qui produisent les vins fins? Comment le gouvernement peut-il, d'un côté, condamner le fraudeur, lorsque, de l'autre, il l'encourage en autorisant l'emploi de l'alcool? En pareil cas, les demi-mesures sont désastreuses. Depuis le cadastre, l'impôt sur la vigne est réparti en raison de la valeur des propriétés; il serait donc injuste de favoriser certains vignobles au détriment de tous les autres.

Sans entrer trop avant dans la question qui touche au fisc, nous dirons, en résumant notre opinion, que le seul moyen d'arriver à supprimer entièrement les abus, c'eût été d'empêcher le *vinage* des vins *dans toute la France*, et de ne le permettre qu'à l'exportation, en faveur des vins du Midi seulement, et en indiquant pour sortie les ports de la Méditerranée, dans lesquels seuls eussent été faites ces opérations avant l'embarquement.

Non-seulement ainsi vous auriez rendu la sécurité aux consommateurs de l'intérieur de la France, mais vous auriez donné des garanties au commerce de l'étranger, qui, recevant des vins par Bordeaux, Nantes ou le Havre, serait sûr de les avoir sans alcool.

Les propriétaires des vins du Midi, qui voudraient vendre pour Paris ou l'intérieur de la France, devraient attendre que la fermentation, qu'on apaise au moyen du vinage, fût calmée par le temps. Ils vendraient plus tard, c'est vrai ; mais nous pensons aussi que ces vins naturels, mélangés avec les qualités secondaires de nos petits vignobles du centre, permettraient une consommation beaucoup plus considérable, et qu'en définitive, le Midi n'y perdrait rien. Enfin, dût-il faire un sacrifice qui résulterait de la nature même de ses produits, ce serait plus juste encore que de le favoriser au moyen d'un privilége exercé aux dépens de tous les autres vignobles, du commerce régulier et de la santé du consommateur.

Tous les vins du Midi sont propres à l'exportation; n'est-ce pas déjà un immense avantage? Pourquoi donc, en autorisant le vinage de ces vins, les amener à dénaturer les Bordeaux, Bourgogne, Champagne, Mâcon et autres?

Les hommes que la nécessité n'a point appelés à étudier bien à fond cette question de l'emploi, de l'abus de l'alcool, se doutent peu de l'influence funeste des spiritueux; qu'ils observent cependant l'ivresse du peuple de Paris comparée à celle des hommes des vignobles où l'on boit des vins naturels. Ils seront frappés de l'état d'abrutissement des uns, du sens et de l'esprit des autres, même lorsque leurs excès leur font perdre l'équilibre.

Il est reconnu que l'usage habituel de l'alcool abrutit, et vous forcez l'homme sobre, qui ne voudrait pas s'y livrer, à en prendre malgré lui l'habitude, puisqu'il boit ces vins vinés en vertu de votre autorisation.

Les abus de ce genre sont arrivés à un tel degré de scandale, qu'il nous a paru à propos d'en signaler les inconvénients et les conséquences, en ce qui touche les grands vins dont nous entendons nous occuper uniquement.

Nous ne traiterons donc que des vins de Bordeaux, Bourgogne, Ermitage, Champagne et Mâcon, vins qui tous sont de nature à être consommés purs, en conservant chacun le type du pays qui l'a produit, selon l'ancienne classification des vignobles, classification exacte dont on ne peut sortir sans se jeter dans le faux.

On accuse trop, beaucoup trop, le commerce de la détérioration des vins; il faut le dire, les propriétaires qui se livrent à une culture excessive, véritable source de la dégénération des vins fins, ne sont pas moins coupables.

Nous avons été à même, pendant plus de trente ans, d'étudier, de comparer les crus des premiers vignobles; nous devons déclarer que chez tous les propriétaires qui limitent leur culture, l'amélioration des qualités est sensible. Aussi pensons-nous que, dans les vins à bouquet, tous les engrais et le fumier surtout doivent être complétement interdits; que le renouvellement de la vigne ne doit s'opérer qu'avec la plus grande circonspection, et que la prétention de suppléer par le sucre ou l'alcool aux qualités dont on se prive par une culture excessive, n'est que ridicule, et prouve de la part de ceux qui soutiennent ce système, ou de la mauvaise foi ou l'ignorance absolue de la matière.

La culture excessive, même sans engrais, donne de mauvais vins; elle conduit à l'altération du bouquet et à la prompte dégénération qui se manifeste, dans le bourgogne, par une tendance à l'amertume;

dans les bordeaux fins, par la maigreur et la sécheresse; dans les champagne, par une prompte décomposition dans les vins rouges, et la maladie grave qu'on nomme la *graisse*, dans les vins blancs.

Quant aux Ermitage et Mâcon, si, au moyen de leur excellente nature, l'excès de culture ne les dénature pas autant, il les dédouble, si l'on peut dire ainsi, il les déclasse et réduit leur valeur.

Qu'ont donc gagné les propriétaires, à cette fièvre qui les entraîne à vouloir doubler leurs produits dans les vins fins? Rien; car il est démontré que les prix sont tombés de plus de moitié depuis cette abondance excessive. Ils ont plus de frais, plus d'embarras, sans avoir plus de revenu; ils arrivent ainsi à l'inconvénient grave de déclasser un cru en réputation et de réduire la valeur de l'immeuble.

A chacun donc selon ses œuvres. Si le commerce a des torts, ceux des propriétaires sont beaucoup plus impardonnables, lorsqu'ils livrent au négociant des produits qui ne lui offrent plus de garantie, qui peuvent s'altérer dans ses caves et le conduire à la ruine.

De ce vice radical, selon nous, découlent forcément l'abus des mélanges et le vinage des vins fins; le négociant peut s'y trouver contraint pour éviter la perte totale de son capital! Certes, la plupart aimeraient mieux recevoir des vins d'une excellente nature, susceptibles de se conserver, de s'améliorer sans secours étrangers; car ils pourraient trouver les mêmes bénéfices avec moins de frais, d'embarras et de risques.

Disons-le donc franchement: la culture entre pour beaucoup dans la fâcheuse situation où se trouvent les vins fins, et le commerce est fort loin de mériter tous les reproches qu'on lui adresse.

Que dire maintenant du consommateur réduit à prendre ce qu'on lui donne, et dérouté au point qu'il ne sait plus comment rentrer dans la bonne voie, ne trouvant nulle part le véritable type qui pourrait l'y ramener? Il reconnaît le bourgogne pour un vin fin, généreux, qui conserve un rapport presque exact avec le goût de fruit du raisin qui le produit. Il en demande : on lui sert un vin noir, lourd, pâteux, plein d'odeur, mais sans bouquet; ceci est le tripotage des vins du Midi. Il en demande un autre; on lui donne un vin vif, sans couleur, assez fin, mais également sans bouquet; celui-ci a reçu une dose de vin de Tavel, de vin blanc ou d'alcool qui le rend irritant et finit par dominer entièrement le bourgogne. Que fait ce consommateur? Il quitte le bourgogne qui, dit-il, l'échauffe et le fatigue, pour passer au bordeaux. Pour ces vins, l'illusion existe encore, et, parce que le Médoc en nature est un vin fin, léger, digestif et à bouquet, il boit de confiance tout ce qu'on lui donne sous le nom générique de bordeaux, sans s'apercevoir que la plupart des vins du Bordelais, pris en dehors du Médoc, sont lourds, communs, et très-indigestes. On le voit donc, à l'égard de tous les vignobles, le consommateur ne sait plus quelle route suivre.

DES VINS DE BOURGOGNE.

Il nous est impossible de passer sous silence ce que dit M. Lanquetin des vins de la Côte-d'Or, qu'il frappe d'une espèce de réprobation, à cause d'un procédé détestable dont on ferait abus.

Nous ne saurions, tout en blâmant hautement les propriétaires de la Côte-d'Or qui cultivent trop, admettre cette exception tout à fait imméritée. On ne falsifie pas plus les vins de la Côte-d'Or que ceux des autres vignobles; mais là, l'excès de culture est plus dangereux que partout ailleurs. Les vins fins de la Côte-d'Or se récoltent dans des terres légères reposant sur la roche; le cep, dans ces localités, n'a pas la force de celui du Médoc, du Bordelais en général, de ceux du Midi, ni du Mâconnais. Il faut une culture habile pour le maintenir sans le secours des engrais; raccourcir entrêmement la taille de la vigne; ne pas dépasser deux à trois nœuds; ne laisser jamais qu'une seule branche; éloigner assez les ceps pour que l'air y circule librement et que le raisin reçoive l'action du soleil. Ainsi vous arriverez à conserver un nombre suffisant de vieux ceps, seul moyen d'obtenir des vins distingués.

La détérioration des vins de Bourgogne résulte, selon nous, uniquement de l'excès de culture, et non d'un procédé dont on parle et qui ne s'emploie guère que dans les années froides et de nulle valeur; procédé qui, *dans ces circonstances*, améliore évidemment, puisqu'il rend buvable, sans le rendre malfaisant, un vin qui, sans ce secours, eût succombé dans l'année.

Ce procédé, applicable à tous les vignobles et nullement par exception à la Bourgogne (comme semble le dire M. Lanquetin), indiqué par Chaptal et connu longtemps avant lui, consiste à mettre, *au moment du cuvage*, quelques kilogrammes de sucre des colonies par hectolitre de vin. Non-seulement il n'y a rien de nuisible dans ce travail, mais encore il améliore assurément le produit dans des années telles que 1816, 17, 21, 23, 24, 26, 28, 29, 31, 36, 37, 39, 41, etc., puisqu'il ajoute un peu de corps et de goût à des vins qui, sans ce secours, resteraient sans force, sans consistance, absolument sans saveur et, par conséquent, sans valeur. Mais, d'un autre côté, il est vrai, *ce procédé nuit essentiellement à tout ce qui doit porter le nom et le caractère d'un grand vin*, au bouquet, au goût de fruit et à cette fraîcheur qui, dans les vins naturels, repose pour ainsi dire le palais sans jamais l'irriter. Nous nous décidons à préciser ce travail pour rassurer les consommateurs auxquels le mot *procédé*, sans qu'il soit expliqué, pourrait inspirer une inquiétude exagérée.

Nous n'admettons donc pas le moins du monde que ce procédé ait nui à la réputation des vins de

Bourgogne, puisqu'il ne peut s'appliquer qu'aux vins non classés, et que les propriétaires, comme les négociants, se garderaient bien, dans les bonnes années, de faire une opération coûteuse, qui présente en outre l'inconvénient d'enlever le bouquet distinctif des différents grands crus, par conséquent, de leur ôter leur valeur.

Mais l'abus qu'il est bon, qu'il devient indispensable de signaler, c'est encore celui qui résulte de l'emploi de l'alcool, des vins du Midi et des crus communs de la côte du Rhône, vins lourds, fades et faux, que les gourmets, les vrais connaisseurs et amateurs devraient condamner à jamais. C'est au moyen de cette composition abominable, qu'on prépare des mixtions noires, épaisses, sirupeuses, et qu'on prétend enrichir les vins de la Côte-d'Or; donnant ainsi à un Savigny, Beaune, Volnay ou Pomard de deuxième classe, l'apparence et la force d'un Chambertin! Ces ignobles vins trompent au premier moment un palais peu exercé; pourtant il est facile de les distinguer si l'on prend la peine de les comparer avec des qualités pures, d'une origine certaine.

Les vins communs de la côte du Rhône et quelques crus du Midi sont sans bouquet, mais ils sont *aromatisés* et frappent l'odorat au moment où on les verse dans le verre. Soutenus par de l'alcool, ils consolident évidemment le prétendu bourgogne, mais ils le dénaturent avec une rapidité effrayante. Avec l'âge, ces vins deviennent tout à fait faux; ils prennent un goût de manne, une fadeur telle, que l'homme habitué aux vins naturels ne peut plus les souffrir; que fait-il? Il laisse le verre, en disant: « On ne peut plus boire de bourgogne! »

2

Voilà la cause, la véritable cause de l'éloignement qu'on a pour le vin de Bourgogne, et non point le *procédé*, sur le compte duquel on met, à tort, toutes les conséquences du repoussant mélange que nous signalons.

De tout ce qui précède, nous conclurons encore contre les propriétaires qui, en doublant, en décuplant peut-être la culture de la vigne sans pouvoir modifier l'action du soleil, produisent des vins sans goût, sans saveur, qui n'ont de leur cru que le nom et manquent de tous les éléments nécessaires à leur conservation. Coupables envers le commerce qu'ils exposent à sa ruine, eux-mêmes se suicident par l'abaissement du prix des vins et la réduction de celui de l'immeuble.

Un grand propriétaire, qui fait partie de la commission vinicole, nous disait un jour : « On pense « que fumer est indispensable pour exciter la végé- « tation et la culture de la vigne ; eh bien ! je me « charge, en moins de deux ans, sans le secours « d'aucun engrais, de perdre la qualité d'un cru. » Nous engageons les commissions à méditer cette pensée avant de pousser trop avant leurs réclamations.

Tous les efforts tendant à arrêter cette fièvre des propriétaires ont été infructueux ; ils ne reconnaîtront leur faute que lorsqu'il ne sera plus temps de la réparer, lorsque de nouvelles habitudes auront fait abandonner un vignoble pour un autre, et que la ruine totale de tous les intérêts du pays leur fera sentir qu'il faut changer de route. Ne devaient-ils pas, au contraire, dans l'état actuel de l'Europe, prendre une marche diamétralement opposée à celle qu'ils ont suivie ?

Les lois prohibitives ou des droits excessifs tendent à réduire chaque jour davantage la consommation des vins fins en Allemagne, en Russie, comme en Angleterre ; n'eût-il pas mieux valu élever les qualités et les prix, dût-on réduire les quantités pour obtenir des vins propres à la consommation de l'étranger ou à fixer l'attention des vrais connaisseurs qui restent en France ?

Mais si le propriétaire cherche, par ses efforts, à relever le prix des vins par un meilleur système de culture, le gouvernement ne doit-il pas redoubler de vigilance pour arrêter les abus qu'on signale et qui se commettent au moyen de l'emploi de l'alcool, puisque l'intérêt du fraudeur augmentera en raison du prix des vins ?

Nous reconnaissons que la production, depuis 1833, a été considérable et au delà de toutes les prévisions ; mais nous pensons qu'on doit ce surcroît plus encore à une culture excessive qu'aux circonstances favorables à la vigne. En effet, si dans telle localité où il y avait cent ceps autrefois, on en trouve aujourd'hui deux cents, trois cents, jusqu'à quatre cents (et dans certaines localités on a atteint cette proportion effrayante), il est évident que les accidents qui atteignaient la vigne anciennement sont de peu d'importance aujourd'hui.

On considérait jadis dans les vignes fines comme une récolte, un produit de *six pièces par hectare*, et il fallait des chances favorables pour l'obtenir avec une apparence de neuf à douze pièces au moment de la floraison. Si aujourd'hui, au moyen d'une culture qui double ou quadruple le nombre des ceps, vous avez, au moment de la fleur, une apparence de vingt-quatre à quarante-huit pièces par hectare, des gelées au printemps ou des pluies en juin, qui vous enlèveront la moitié ou même les trois quarts de la récolte apparente, vous laisseront encore un produit plus considérable que ce que l'on appelait autrefois *une récolte*, c'est-à-dire six pièces à l'hectare.

Nous pensons que sans cette culture excessive, les années 1834, 35, 36, 37, 39, 40, 41 et 42 n'auraient jamais produit les quantités ni les mauvaises qualités qu'on a dû recueillir. Avec l'ancienne culture, 1842 devait donner en Bourgogne des vins aussi remarquables que ceux des plus grandes années.

Toutes les observations tendent donc à démontrer que les torts des propriétaires sont immenses et non moins grands que ceux de l'administration, laquelle nous laisse entièrement sacrifier par des lois de douane qui nous ferment les portes de l'étranger, et par une tolérance à l'égard des fraudeurs, que les convenances ne nous permettent pas de qualifier.

Qui donc a droit de se plaindre dans cette question si ce n'est le commerce gravement froissé, d'une part, par l'avidité des propriétaires, de l'autre par l'abandon total où le laisse l'administration dans ses rapports avec l'étranger, et par le maintien d'impôts énormes qui gênent même ses opérations en France? Il est fort malheureux que dans des questions de cette importance, certaines considérations arrêtent les gens qui, ayant le droit et le pouvoir de tout dire, usent d'une modération dangereuse. Le décret du 15 décembre 1813 n'ayant point été abrogé, ne donnait-il pas seulement par son article 11 que cite M. Lanquetin, toute la force nécessaire aux agents du gouvernement pour réprimer les abus? Tout est prévu dans cet article ; il est rédigé de la manière la plus explicite, la plus étendue et la plus claire tout à la fois. Si, avec une telle force dans les mains, l'administration a laissé les abus se perpétuer, ce n'est plus la loi qu'il convient d'accuser.

Loin d'admettre le principe qui domine en Bourgogne, de produire beaucoup pour vendre à bas prix, nous pensons qu'il faudrait, là surtout, *produire peu et vendre cher de grands vins.* Il est infiniment plus rare de rencontrer un bourgogne de premier ordre qu'un bordeaux ; mais, sans vouloir prononcer entre ces deux grands vins, nous pouvons dire et nous pourrions peut-être prouver, pièces en mains, qu'un premier vin de Bourgogne a un immense mérite et ne doit le céder à aucun vin de France, quand il provient d'un bon cru *non cultivé* et sans mélange, pas plus des raisins au moment de la récolte que des vins réunis plus tard.

La séve du médoc sans doute est admirable ; mais aussi, outre qu'il possède un bouquet très-distingué, le bourgogne pur ayant atteint huit à dix ans, réunit, à une chaleur modérée et généreuse tout à la fois, un goût de fruit et une fraîcheur qui n'irritent et ne *pincent* jamais la langue, comme cela se rencontre assez souvent dans les grands vins de Bordeaux, lorsque la réussite de la vendange n'est pas absolument complète.

Pourquoi donc les vins de Bourgogne ne se vendent-ils pas au moins le prix des grands bordeaux ? La seule cause, selon nous, c'est que les propriétaires sacrifient la qualité à la quantité et commettent là une faute inutile, puisqu'ils réduisent ainsi leur revenu au lieu de l'augmenter, et finissent par ne pas vendre ou vendre fort mal leurs vins.

DES VINS DE BORDEAUX.

Beaucoup de consommateurs commencent à s'apercevoir d'un travail, d'un mélange fait de ces vins avec ceux de la côte du Rhône et du Midi, préparation qui prive le médoc de toutes ses précieuses qualités : sa finesse, sa légèreté et sa séve. Cette préparation a pris sa source dans les habitudes anglaises. Autrefois on alliait aux grands vins de Bordeaux une certaine quantité d'Ermitage ; on ne prenait alors que les premiers crus de ce vignoble, vins fort distingués, mais d'un produit très-limité. On repoussait tout ce qui n'était pas absolument de premier choix, de sorte que l'on arrivait à une alliance de deux grands vins, qui, tout en altérant la finesse de la séve du médoc, donnait une qualité satisfaisante pour les Anglais, qui préfèrent le corps, le goût et presque l'épaisseur du vin à la finesse. Ce travail, qu'un véritable connaisseur ne saurait admettre, était bon relativement si l'on eût su se borner. Mais, hélas ! la fièvre du progrès a tout perdu, et ce mélange s'est étendu à tous les crus, aux détestables vins communs et doux que produit en masse le midi de la France, et l'on est parvenu à dénaturer le bordeaux au point de faire boire le plus souvent, sous ce nom, un vin lourd, pâteux, indigeste, qui, au lieu de désaltérer, irrite, échauffe la gorge, lorsque surtout on ajoute de l'alcool à cette monstrueuse combinaison. Du vin de Bordeaux ainsi préparé, dénaturé, est, selon nous, au-dessous du bourgogne ayant subi la même opération, bien que l'un et l'autre soient, tranchons le mot, détestables.

Depuis fort longtemps, on a l'habitude d'envoyer les vins de Bordeaux dans l'Inde, couverts avec de l'Ermitage. L'habitude fait loi ; mais c'est une grande erreur. La fraîcheur légèrement acide des vins de Bordeaux purs doit être préférable dans les pays chauds à tous les arrangements avec des vins doux, d'autant plus qu'avec le temps cet acide disparaît, pour faire place au bouquet et au moelleux des vins du Médoc; tandis que la présence de vins étrangers enlève ces précieuses qualités et imprime un mouvement rétrograde avec l'âge. Nos opérations mille fois répétées nous ont donné un résultat tel que nous pouvons affirmer le fait que nous avançons.

Quand on cessera de considérer comme progrès de faire de la fausse monnaie ou de mettre de l'eau dans du vin (ce qui est tout un), de compenser l'eau par l'alcool qui ruine, avec la santé, tous les intérêts, sauf ceux qui ne craignent pas d'admettre de semblables falsifications comme un principe commercial que la moralité autorise ; quand on reviendra, disons-nous, de ces graves et coupables erreurs, alors le médecin pourra, comme autrefois, prescrire au malade dont le tempérament est irritable et l'estomac débile, le vin de Bordeaux ; et à celui qui veut un vin généreux, sans qu'il soit échauffant, le vin de Bourgogne.

Mais, disons-le, avec le progrès actuel et l'art de dénaturer tous les vins, la médecine peut se compromettre et mettre ses malades en danger. En effet, si le pharmacien à qui l'on demande une potion calmante, y introduit un élément étranger, irritant, de l'alcool, de l'émétique ou de l'opium en grande dose, le malade meurt malgré la science du médecin. Nous conseillerions donc à la Faculté de ne plus ordonner de vin aux malades, tant qu'elle n'aura pas découvert un moyen certain de s'assurer de l'origine et de la non altération du cru qu'elle prescrit.

Il est réellement curieux d'observer, à Paris surtout, avec quelle confiance des petites-maîtresses ou certains malades avalent, sous le nom de bordeaux, des gros vins récoltés dans les crus les plus communs du Bordelais et couverts avec des Marseille ou autres vins du Midi, vinés en vertu de l'administration. Ils boivent, et sans doute la foi les sauve, car une semblable mixtion serait plutôt de nature à faire reculer un maçon vigoureux, qu'à rendre nos petites-maîtresses à leurs plaisirs ou un bas-bleu aux charmes du salon.

Sérieusement, nous admettons le vin, lorsqu'il est vieux surtout, comme un remède efficace ; mais nous engageons la faculté à nous seconder de tout son pouvoir pour arriver à obtenir le médicament dans toute sa pureté, et non une préparation repoussante que l'homme le plus fort, le mieux constitué, ne supporte qu'avec peine.

La prétention des Anglais riches est d'obtenir de grands vins rouges très-vieux, sans le moindre dépôt; c'est là demander l'impossible; car, dans les grands vins naturels, le bouquet n'apparaît que lorsque le dépôt se manifeste; dans ces vins purs, le dépôt, il est vrai, n'est jamais aussi abondant que dans ceux qui sont alliés à des vins du Midi. On fait usage de ces derniers pour donner de la force, de la couleur, du goût, des qualités apparentes, enfin, qu'on n'obtient jamais cependant qu'au détriment du bouquet et de la fraîcheur du vin pur.

Cette prétention des Anglais, appliquée à tous les crus de France, les égare forcément sur le véritable mérite de nos vins, dont ils doivent faire usage pour se reposer de l'emploi habituel des Xérès, Madère et Porto, pour se désaltérer, se rafraîchir, savourer le bouquet, le parfum et l'extrême finesse qui distinguent tous nos grands crus, Bordeaux, Bourgogne, Ermitage et Champagne, et non pour ajouter à leur énergie.

Les Anglais, qui attachent tant de prix au cheval de race *pur sang* et savent si bien reconnaître ce qui le distingue doivent, tôt ou tard, comprendre que c'est aussi ce principe qui donne tant de prix à nos grands vins de France. Il faut, dans les grands vins, que le pur sang frappe le goût et l'odorat, comme il étonne et satisfait le regard dans l'étalon exempt de toute critique. Il existe en Angleterre de grands, de véritables connaisseurs, qui ramèneront le goût des vins purs, et cet usage, fondé sur la vérité, se propagera bien vite, heureux que seront les amateurs de tous les pays de ne plus se livrer à l'emploi ignoble et malfaisant des vins alcoolisés.

De tous les vignobles, celui dont les clameurs se font le plus entendre, c'est évidemment et toujours le Bordelais ; voyons jusqu'à quel point ses plaintes sont fondées.

Tous les vins de ce pays sont propres à l'exportation et, comme nous sommes en paix avec le monde entier, ils ont le globe pour débouché. Placés au bord de la mer, on les embarque sans frais, tandis que le transport des vignobles du centre au lieu de débarquement dépasse souvent le prix du fret qu'on paye de Bordeaux aux différents points de consommation les plus éloignés. Voilà bien une position exceptionnelle et qui présente d'immenses avantages pour ce pays. Si ce beau et bon vignoble se plaint à juste titre, il faut réellement que l'imprévoyance et le mauvais vouloir le frappent, car il réunit tous les éléments de succès.

Par l'alliance immodérée des vins du Midi et de la côte du Rhône avec les bordeaux, le commerce, tout en nuisant à la propriété, s'est fait un tort dont il ne sent pas encore toute la portée. Qu'il y prenne garde, il déplace ainsi peu à peu le goût de ses grands consommateurs qui, bientôt, en viendront à prendre purs les vins qui servent aujourd'hui à *enrichir* les siens. Il se pourrait que cette cause agît déjà fortement sur le sort des propriétaires du Bordelais, et, dans ce cas, toutes les modifications aux lois de douane seraient insuffisantes ; nous allons plus loin, nous pensons qu'une réduction des droits, en Angleterre particulièrement, ne servirait qu'à favoriser les positions de Cette et de Marseille, qui inondent déjà le monde entier de leurs produits et de leurs imitations.

Sans doute les propriétaires des vignobles qui produisent les vins blancs de Bordeaux sont fort à plaindre; mais, il faut le dire, le seul remède pour eux, c'est de ramener les consommateurs à l'usage de ces vins qu'ils repoussent aujourd'hui. Nous pensons aussi qu'on pourrait mettre plus d'art dans la manière d'exprimer le moût du raisin et éviter de détacher de la pellicule, par une trop grande pression, cette partie astringente qui perce, même au milieu de la douceur, dans beaucoup de vins blancs du Bordelais, et développe un goût qu'on désigne, dans le pays, par le mot *sauvageon*, goût faux et fort désagréable.

Si Bordeaux se croit dépassé par ses produits, il peut les réduire avec moins de sacrifices que tout autre vignoble, quant aux vins secondaires ou communs. Tout l'Entre-deux mers, les rives des rivières, peuvent donner d'admirables prairies; si l'on ne convertit point ainsi la culture, il est permis de penser que la vigne donne encore d'utiles revenus.

Mais que dirait donc la Bourgogne qui, depuis 1814, a perdu tous les débouchés de l'Allemagne, de la Prusse, des provinces Rhénanes, qui ne conserve, pour l'écoulement de ses vins, que l'intérieur de la France (le Nord particulièrement) et la Belgique? qui, pour gagner les points de consommation, supporte toujours, en dehors des frais qui atteignent les vins de Bordeaux, 40, 80, 120 jusqu'à 200 francs par tonneau. Convenons-en, c'est bien ce vignoble qui aurait plus particulièrement à se plaindre, puisque ses prix sont tombés de 50 0|0 depuis 1814, lorsque ceux de Bordeaux ont quadruplé, dans les grands crus, à partir de la même époque.

A-t-on donc oublié cette loi du ministère Villèle, qui avait imposé à la Bourgogne de faire passer ses vins par le Havre et Dunkerque, pour venir approvisionner toutes les villes de la Belgique, lui interdisant ainsi la voie de terre, c'est-à-dire toute expédition directe? Cette monstrueuse iniquité n'a pu être maintenue; mais qu'elle ait reçu son exécution, c'est ce qu'on ne comprendrait pas d'un gouvernement dans l'enfance! En attendant, la Bourgogne a été attaquée avec de tels avantages, sur ce point sérieux de ses débouchés, que l'usage des bordeaux s'est forcément établi, et jamais elle ne reprendra là son ancienne position. Voilà les conséquences de l'esprit de privilége et ce qui résulte de mettre la faveur à la place des principes.

Enfin, et pour compléter notre opinion sur le commerce des vins de Bordeaux, nous dirons que tout négociant qui a bien étudié les vignobles de France et la nature des différents vins qu'ils produisent, doit se trouver heureux d'exercer ce commerce à Bordeaux. Cette place peut souffrir momentanément, mais elle est, sera et restera toujours en première ligne, puisque, par la nature même de ses vins, la variété, la quantité de ses produits, et ses moyens économiques et faciles d'exportation, elle réunit des éléments de succès que ne possèdent pas les autres vignobles de France.

Bordeaux jouit encore d'une faveur particulière. Il obtient la facilité de réimporter les vins qu'il peut avoir dans les docks de Londres ou tout autre entrepôt de l'étranger. Ce bénéfice est impitoyablement refusé à la Bourgogne et à la Champagne qui, par la nature de leurs vins mousseux, devraient y prétendre plus particulièrement. Du vin mousseux qui dépose, quelle que soit d'ailleurs sa qualité, est invendable à l'étranger; en le laissant rentrer, à la charge même de le réexporter, on éviterait au commerce les pertes considérables qu'entraîne la clarification des vins mousseux, opération toujours mal faite hors de France. On ne comprend véritablement pas la persistance du gouvernement à refuser aux vins mousseux ce qu'il accorde aux bordeaux (1), car il est plus aisé de constater l'origine des vins en bouteilles que celle des vins en barriques. Les marques des caisses, la signature de l'expéditeur imprimée au feu sous le bouchon, le sceau des douanes, tout prouverait l'idendité; et, d'ailleurs, il n'existe pas un vignoble au monde qui puisse préparer des vins mousseux de Bourgogne ou de Champagne et les importer en France avec quelque avantage, pour faire concurrence à nos produits. Pourquoi donc toujours ajouter inutilement des entraves au commerce, lorsqu'il a déjà tant d'obstacles à surmonter?

Depuis le laborieux enfantement des droits réunis, on s'ingère, on se tourmente pour arriver au meilleur moyen de percevoir cet impôt. Le droit d'inventaire, qu'on avait indiqué dans un temps, a sans doute été repoussé parce qu'il était trop simple et qu'il faut toujours, en France, donner de l'importance à ce qu'on nomme administration. Les avantages que présentait ce mode sont cependant immenses : économie dans la perception de l'impôt et liberté entière de la circulation des vins, principe vivifiant qui, selon nous, donnerait en peu de temps aux propriétaires dix fois le droit avancé. Nous con-

(1) Le décret impérial de septembre 1854, qui admet tous les vins en franchise, a fait droit à ces réclamations.

venons que malheureusement l'utilité de ces premiers sacrifices n'est pas du tout comprise en France, et que là, moins que partout ailleurs, on ne sait pas semer pour recueillir, en matières commerciales. L'exercice a entièrement ruiné la petite spéculation qui, autrefois, arrêtait la dépréciation et l'avilissement des prix ; cependant, et dans l'espèce surtout, elle était extrêmement utile à cause de l'irrégularité du produit. Trois ou quatre années d'abondance réduisent à rien la valeur des vins, si la spéculation n'intervient pas. Deux années de disette la portent à des prix exorbitants, et ces extrêmes sont aussi fâcheux pour le commerce, dans lequel ils mettent le désordre, que nuisibles à la propriété.

Enfin, et ne gagnât-on rien dans le sens matériel, on éviterait, au moyen de l'inventaire, l'exercice du droit de détail dans beaucoup de villes et dans les campagnes, exercice humiliant pour celui qui le pratique comme pour ceux qui le subissent.

DES VINS D'ERMITAGE.

Il n'existe pas de vignoble dont les produits soient plus variés que ceux du Dauphiné et de la côte du Rhône. On récolte là des vins blancs et rouges de qualités fort opposées les unes aux autres. Ainsi, dans les vins blancs, on trouve les Saint-Péray, Château-grillé, Côte-Rôtie, Ermitage et autres. Dans les vins rouges, les Côte-Rôtie et Ermitage, classés à juste titre dans les grands vins; puis les Croze, encore assez bien classés; puis les Cornas et beaucoup d'autres vins secondaires, médiocres ou mauvais.

Le Côte-Rôtie est un vin fin qui ressemble assez au bourgogne; son bouquet est tellement fort, tellement prononcé, que l'on serait tenté de le croire factice ; c'est d'ailleurs un vin délicat, dont la durée n'est pas certaine comme celle de l'Ermitage. Celui-ci est un vin remarquable par sa qualité comme par sa durée; il est assez riche et fin pour enrichir le bordeaux sans le faire descendre de son rang. Malheureusement, l'emploi de ce premier cru devrait être très-considérable, et le produit en est fort limité;

c'est ce qui a forcé le commerce à se rejeter sur des vins secondaires de la côte du Rhône, vins qui sont fort loin d'avoir le même mérite.

En 1825, nous eûmes les moyens de faire une dégustation sérieuse avec des vins d'origine très-certaine, provenant de :

Ermitage 1815, cuvée Mure, que nous tenions de MM. Jourdan et fils, de Tain, maison qui se respecte et livre parfaitement;

Clos-de-Vougeot 1815, pris par nous dans la localité même;

Latour 1815, choisi par nous sur les lieux de production et en parfait état.

Ces vins, dégustés avec toute la réflexion qu'exigeait la circonstance par quinze négociants, tous connaisseurs, soutinrent tellement bien leur rang que, d'une voix unanime, on les proclama parfaits, sans oser accorder un degré de supériorité à l'un sur l'autre.

Cependant l'Ermitage, en général, est fort loin d'arriver au degré de bouquet des Château-Margaux, Laffite, Latour en Bordeaux et Romanée-Conti, Tâche, Richebourg en Bourgogne. Ce cru d'Ermitage semble placé entre la Bourgogne et Bordeaux, pour indiquer la transition et ce qui manque à ces deux vignobles dans les années où la maturité n'est pas complète. Plus moëlleux, plus onctueux et plus coloré que le bordeaux, il semble fait pour corriger la maigreur, la sécheresse ou l'acidité qu'on remarque trop souvent dans ce dernier, quand la saison n'a pas favorisé la maturité du raisin ; malheureusement, et comme nous l'avons déjà dit, le produit des vins d'Ermitage de premier ordre est extrêmement limité, et la distance des premiers crus aux seconds est immense.

Il faut le dire, le mariage avec les vins d'Ermitage est souvent utile, même convenable dans les années secondaires, trop fréquentes à Bordeaux, bien qu'il ait le mauvais côté de tous les mélanges de vignoble à vignoble, c'est-à-dire l'altération du bouquet, de la pureté du goût,. et qu'il détruise cette unité sans laquelle il n'existe pas de *véritable grand vin.*

Les vins de Bordeaux, très-astringents, souvent acides, supportent infiniment mieux ce mélange que le Bourgogne. Les Bordeaux contiennent abondamment deux principes conservateurs, le tartre et le tannin; le moelleux, nous dirions presque la douceur de l'Ermitage, s'allie avec ces éléments, et des vins ainsi disposés et habilement préparés, finissent, avec le temps, par donner un beau résultat; nous le reconnaissons tous, tout en protestant, au nom des vrais gourmets, contre une alliance qui, nous le répétons, détruit l'*unité* sans laquelle il n'y a pas de vin modèle, de *vrai type.*

Quant à l'alliance des vins de la côte du Rhône avec les premiers crus de Bourgogne, nous devons déclarer que des expériences suivies et répétées de mille manières différentes nous ont démontré qu'il n'existe pas de vins, en France, *moins propres à être enrichis ou modifiés que les vins fins de Haute-Bourgogne.* Là, les grands crus d'Ermitage même ne conviennent pas du tout; ils dénaturent complétement, enlèvent le bouquet, la fraîcheur, et finissent toujours par dominer et absorber le goût de fruit, si précieux dans le bourgogne.

Le bourgogne manque souvent de tartre, presque

toujours de tannin, de sorte que le moelleux un peu fade de l'Ermitage n'est pas propre à le relever; toute la puissance reste du côté de ce dernier, qui finit par dominer au point de dénaturer entièrement le bourgogne.

Lorsque nous émettons cette opinion à l'égard du cru d'Ermitage, que nous reconnaissons produire un grand vin, on doit comprendre que nous rejetons d'une manière encore plus absolue toute alliance entre le bourgogne fin et les classes secondaires de la côte du Rhône. Le résultat de ce détestable mélange est de faire disparaître entièrement le bourgogne, de lui enlever jusqu'au moindre type de son origine; et cependant, c'est au moyen de cet abominable travail que les populations du Nord ont fini, les unes par ne plus boire de bourgogne, les autres par demander à ce cru un vin riche, vineux et lourd, dans lequel ils prétendent rencontrer du bouquet le jour même de la réception de leur vin, bien qu'il soit en fût!.. confondant ainsi l'odeur forte et fade des vins communs de la côte du Rhône, qui surabonde toujours, avec le bouquet, élément rare, délicat, fin, subtil, qui ne se développe jamais qu'avec l'âge, et paraît, à l'odorat exercé, comme une fleur pure s'échappant du liquide pour fuir ce qu'il y a de commun dans ce que le vulgaire appelle du vin.

Reconnaître un pareil travail, ce serait supposer que l'art domine la nature, et c'est ce que nous n'admettrons jamais, quant aux vins surtout, moins là que partout ailleurs.

Il se peut, et nous le croyons, que les contrefaçons aient égaré le goût des consommateurs; mais les mécontents se trouvent en si grand nombre, qu'on peut raisonnablement supposer qu'ils ne cèdent qu'à regret à l'entraînement de l'époque, et qu'on reviendra enfin aux vins purs.

Les peuples que la nature a privés de vin en font rarement et difficilement abus ; ils se laissent aisément séduire par la partie spiritueuse, ne réfléchissant pas que ce n'est point ce principe qui distingue les grands vins de France, puisque tous les vins du Midi, nos plus mauvais produits, sont cependant les plus alcooliques.

Les populations qui font usage de la bière et du tabac (du moins nous avons cru le remarquer) se laissent plus aisément tromper par la force, et surtout par la douceur du vin, que les autres. Aussi, ces travers ou cette erreur sont habilement exploités par les préparateurs des Villes Anséatiques et des ports libres, où tous les vins doux du Midi viennent se cacher sous les noms de bordeaux, bourgogne, etc.

C'est donc encore ici le cas de faire observer à tout amateur qui recherche un vin naturel, que *la douceur* est un indice certain de l'altération et du mélange des vins, ou qu'elle dénote une prompte détérioration des qualités qui sont naturellement entachées de ce défaut.

Revenant aux vins de la côte du Rhône, nous dirons qu'on peut classer les Côte-Rôtie, Ermitage rouge et blanc en premier ordre. On récolte encore là un vin connu sous le nom d'Ermitage paille, qui est vraiment exquis.

Nous croyons avoir mis dans le commerce, en 1822, les premiers vins de Saint-Péray mousseux qu'on ait livrés à la consommation après les avoir amenés à une clarification parfaite. Ces vins sont réellement bons, mais ils sont très-spiritueux, et le goût dominant, inhérent à ce cru, engage généralement à ne le boire qu'avec modération. On a encore le tort grave d'en préparer beaucoup avec des crus secondaires, et dès lors ils ne sont plus que médiocres ou détestables.

DES VINS DE MACON.

Nous avons peu de choses à dire de ce vignoble, qui se recommande généralement par ses produits, à la portée et au goût de tous les consommateurs. C'est, après le Bordelais, bien évidemment, le pays qui offre le plus de ressources au commerce comme les chances les plus favorables. Riche en vins blancs comme en vins rouges, on recherche tellement ses différentes qualités, que Paris, la Normandie et le nord de la France suffisent pour l'écoulement de ses abondantes récoltes.

Les vins de Mâcon et du Beaujolais, moins secs que les bordeaux, sont moins moelleux que ceux de la Côte-d'Or; ils renferment plus que ces derniers le principe conservateur qu'on trouve abondamment dans les bordeaux, c'est-à-dire le tannin; aussi ont-ils de la durée et gagnent-ils beaucoup à vieillir.

Nous pensons toutefois que dans ce vignoble, comme dans les autres, on a beaucoup trop poussé la culture, et que, depuis ce temps, ces vins se sont amaigris, manquent de corps, et ne peuvent plus atteindre une classification aussi élevée que celle qu'on leur assignait autrefois. Ils ne sont point assez distingués, enfin, pour dépasser la classe des grands vins ordinaires ou ce que l'on appelait autrefois vins d'entremets ; et pour ces derniers, il fallait encore, pour les obtenir, rechercher les années de choix.

DES VINS MOUSSEUX.

Parlons maintenant des vins dits de Champagne, ou des vins mousseux en général. Nous allons voir également le principe de ce commerce vicié par l'emploi, poussé jusqu'à l'abus, de l'alcool, lorsque c'était là, et là surtout, qu'il fallait l'éviter, puisqu'il est d'usage assez général de ne prendre de ce vin que lorsque le repas finit, c'est-à-dire quand on pourrait se dispenser de boire quoi que ce fût.

En admiration devant l'emploi de l'alcool, beaucoup de préparateurs s'extasient sur leur mérite et l'art avec lequel ils ont *doublé l'énergie* de leurs vins. Cette prétention est singulière, car tout homme qui a sérieusement étudié la question, sait que l'emploi des spiritueux n'est que le *pont-aux-ânes* des peuples les moins avancés dans l'art difficile de soigner, de garder les vins, tout en leur conservant leurs précieuses qualités.

Le charme de la mousse a commencé par séduire les consommateurs, surtout ceux de l'étranger ; mais, peu à peu, on a classé ces vins. On a reconnu qu'en dehors de la mousse, la finesse, le goût et le bouquet se distinguaient parfaitement et permettaient une classification exacte. Les hommes vraiment connaisseurs et difficiles ont introduit l'usage de prendre ce vin pendant tout le repas, observant que, quand il était de premier choix et d'une bonne année, il pouvait, pour les amateurs qui redoutent les vins trop toniques, suppléer à tout. En Angleterre, on boit ces vins au commencement du service; dans beaucoup de maisons en France et à l'étranger, on en sert presque constamment, et l'homme de bon goût qui, sans paraître avoir bu, veut cependant bien dîner, sait qu'avec une bouteille de vin mousseux *frappé*, il atteindra son but et pourra se présenter ensuite dans un salon avec la verve d'un homme d'esprit, *sans la plus légère odeur de vin.* Passe pour le tabac : il est de bonne compagnie maintenant d'en infecter les rues, les passages, les places publiques, voire même les boudoirs; mais le vin ! fi l'horreur!

Or, le vin dit de Champagne, quand il est de première qualité, n'est pas seulement un vin excellent, mais c'est un vin comme il faut, qui donne de l'esprit, ou du moins n'embarrasse pas celui qu'on a de tous les obstacles attachés à la digestion pénible et repoussante des gros vins rouges saturés d'alcool, eau-de-vie et vins communs du Midi.

Pour arriver à obtenir de bons vins mousseux, il faut toujours combiner la réunion de plusieurs crus entre eux. Ainsi, l'Aï seul et provenant uniquement de raisins rouges, ne donnera pas une qualité convenable; tandis que ce même cru allié, dans une proportion convenable, à des vins blancs de Cramant ou d'Avize, donnera d'excellentes qualités. Il en est de même des Pierry, Mareuil, Verzenay, Bouzy et autres qui, pris isolément, ne contenteraient pas le consommateur. Ces combinaisons sont les seules qu'un connaisseur puisse admettre.

Tous les peuples du monde aiment le vin mousseux, tous voudraient en boire de bon. Mais le peuvent-ils? la question devient plus embarrassante.

Le *progrès*, ce progrès qui supplée à tout de nos jours, y a répondu. Nos hommes habiles ont pensé que là, comme à Bordeaux et en Bourgogne, l'art suffirait pour imiter la nature ; les gros bonnets du système sont sans doute convaincus qu'il doit la surpasser.

Depuis la paix, depuis trente ans, la consommation des vins mousseux a décuplé, centuplé peut-être, et la Champagne n'a pas dû s'étendre, du moins quant aux crus de choix, que l'industrie, le caprice et l'intérêt ne sauraient improviser ; que faire donc?

L'eau-de-vie, le tannin, l'alcool, l'esprit enfin, ces panacées universelles, sont venus au secours de cette pauvre nature ; et, bien que la consommation des vins mousseux ait décuplé ou centuplé, on suffit à tous les besoins, on est même arrivé à une réduction de prix de moitié. Ici, bien évidemment, l'art a surpassé la nature ; c'est un prodige en commerce que la réduction du prix avec augmentation de consommation, sans accroissement raisonnablement possible du produit. Mais, dira-t-on, la fausse monnaie, le génie de l'époque, l'alcool enfin n'est-il pas là, et si 89 a égalisé tous les hommes, 1843 ne peut-il pas dire, avec moins d'importance :

Tous les vins sont égaux; ce n'est pas leur essence,
Mais le seul alcool qui fait, etc.

L'alcool s'est donc impatronisé dans les vins mousseux. L'art du chimiste s'est perfectionné à un degré phénoménal, et lorsque l'Aï, le Pierry, le Bouzy manquent, la chimie appliquée aux arts (ô gourmets!) y supplée à l'instant même. On se jette dans la plaine du Mesnil ou celle des Vertus sans doute; et là, moyennant quelques gouttes du précieux élixir, on arrive au bouquet d'Aï, à la finesse de Verzenay, de Bouzy, au goût distingué de L'INTROUVABLE SILLERY, et la nature, honteuse et dégradée, se voile pour faire place à l'art si supérieur de nos jours. Cette pauvre nature n'a plus qu'à se retirer dans un puits avec la vérité. Mais, hélas! celle-ci, à son tour profanée, n'est-elle pas réduite à venir se déshonorer dans l'enceinte de Paris pour présider à l'affreux hymen des mixtions qui produisent le vin à trente-cinq centimes avec l'eau pure qui lui servait d'asile? O Nature! ô Vérité! était-ce dans la cornue du chimiste ou dans le vin à trente-cinq centimes que l'art impitoyable du savant devait vous ensevelir? Tel est pourtant l'état actuel des choses (1).

Autrefois l'esprit en France courait, dit-on, les rues; mais celui-là, du moins, ne donnait pas la gastrite et ne portait point au *spleen*, aux idées sombres et féroces des peuples qui font excès de cet autre esprit qui se répand sur le globe, et finira, avec l'usage immodéré de la bière et du tabac, par faire demander bientôt où et sur quelle partie du globe se trouvait ce peuple français, qui fut trop envié et qui, par ses mœurs et ses manières distinguées,

(1) Le prix a pu s'élever depuis cette époque, mais le crime contre nature est le même.

servit si longtemps de modèle aux autres nations.

Loin d'attaquer les vins de Champagne, nous reconnaissons qu'il existe dans ce vignoble beaucoup de crus distingués, sinon par leur bouquet, du moins par leur finesse, une grande pureté de goût et une légèreté qui donnent, dans leur ensemble, un vin fort agréable; mais nous dirons aussi :

Que depuis 1814 la consommation des vins mousseux a beaucoup plus que décuplé, et que cependant la production des grands crus n'a pas pu s'accroître en raison de l'augmentation des débouchés;

Qu'on a pu planter de la vigne dans toutes les terres et obtenir des vins communs, mais qu'on ne peut pas, à volonté, découvrir des premiers crus ;

Que, dépassée par d'immenses débouchés depuis 1814, la Champagne a, plus que tout autre vignoble, excité la culture et affaibli par conséquent ses qualités; que cette surexcitation ayant encore été insuffisante, on a eu recours à des vins de deuxième, troisième et dernier ordre, vins tout à fait médiocres, qui ne sortaient pas du pays autrefois et ne servaient qu'à la consommation locale;

Que l'excès de culture, en entraînant la détérioration des qualités, a augmenté cette disposition qu'ont trop souvent certains crus de la Champagne à se *graisser*, maladie grave et peut-être sans remède tout à fait efficace. Ce vice de la culture a eu encore d'autres inconvénients fâcheux. Les vins de Champagne, sauf les années très-remarquables, manquent de goût, de corps, *de chair*, dirions-nous, au point de ne pouvoir souvent supporter le dégorgement (l'extraction du dépôt) qui conduit à leur clarification. Dans la plupart des années ordinaires, nous pensons même qu'il est impossible d'obtenir des vins assez riches pour satisfaire le goût de certains pays, l'Inde, l'Angleterre et la Russie même, du moment qu'on ne prend pas les premiers choix parmi ce que la Champagne produit de meilleur. Que peut-on donc attendre des vins de deuxième et troisième ordre, de ces vins de certains villages, qu'on convertit en mousseux aujourd'hui, et qui autrefois ne sortaient jamais du pays? Rien, absolument rien.

Mais attendez! la chimie appliquée aux arts est intervenue et s'est chargée, dans sa verve orthopédique, de redresser cette pauvre nature. D'une part la panacée universelle, l'alcool, a inondé les vins secondaires de tous les pays; de l'autre, on a découvert la plus admirable drogue qu'ait pu extraire l'analyse du pharmacien : on a découvert le *tannin!* Et de ce moment, on a pensé que tous les vins de tous les pays, au moyen de son application, pourraient être convertis en vins mousseux et donner des Aï, Pierry, Sillery, Volnay, Romanée, ou Clos de Vougeot.

Ce tannin, extrait de différents produits et particulièrement de la noix de galle, a, à peu près exactement, la saveur d'une nèfle verte. Il a la propriété heureuse dans ce sens, qu'il guérit les vins gras de leur maladie, et contribue à maintenir la limpidité dans les vins faibles; mais, fort malheureuse dans cet autre sens, qu'il donne au vin un goût et une âpreté insupportables. Que faire donc ensuite? Corriger ces défauts par une surabondance de liqueur où l'alcool domine. Voilà le résultat des efforts du génie et de la science, dont le but était de rendre propres au commerce des vins mousseux tous les crus de tous les pays.

Ce n'est pas tout encore : le progrès, cette maladie du siècle, a gagné tous les esprits, et non content d'appliquer à de mauvais vins des remèdes pitoyables, on en est venu à vouloir enrichir les grands crus par les mêmes moyens, pour satisfaire aux exigences anglaises qui veulent absolument des vins *corsés,* pleins de goût, de force et de finesse tout à la fois ; c'est-à-dire qu'on a bientôt dépassé le but et dénaturé complétement les types.

Après de longues études et des expériences multipliées, nous avons reconnu que plus un vin a de finesse et de distinction, moins il supporte la présence de l'alcool, dont l'ascendant est tel, que la moindre proportion finit par dominer le vin, lui enlever son bouquet particulier, tôt ou tard l'absorber entièrement, et, ce qu'il y a de plus grave encore, en rendre l'usage très-malfaisant.

Il nous est donc impossible de ne pas protester hautement, dans l'intérêt des consommateurs, contre cet abus de l'alcool et du tannin, qui ne tend à rien moins qu'à ruiner le commerce des vins mousseux, en décidant les riches consommateurs à renoncer à l'usage de ces vins, plutôt que de s'exposer à boire des qualités dénaturées par le travail que nous signalons ; nous sommes même certains d'aller, en cela, au-devant des idées des maisons de la Champagne comme de la Bourgogne qui livrent consciencieusement ce qui leur est demandé.

Une simple explication suffira pour faire comprendre la différence qu'il y a entre l'emploi habituel d'un vin mousseux pur et celui qu'on prépare à l'alcool ou au tannin. Le vin mousseux pur est tout simplement le moût du raisin rouge ou blanc, dont on a soin de ne prendre que la partie la plus légère, en rejetant les dernières *serres* ou *pressées* dont on fait un vin à part, qu'on nomme *vin de taille.* Ainsi, le premier vin est d'une délicatesse extrême, tandis que le second est lourd, très-vineux, infiniment moins agréable que le premier, et ne doit point entrer dans la partie destinée à faire des vins mousseux. On comprend aisément qu'un vin de Champagne naturel, ainsi préparé, sans autre travail que celui qui détermine la fermentation (mettre en bouteilles six mois après la récolte), soit d'un usage aussi sain qu'agréable, et qu'on puisse, dès lors, sans danger, en faire une grande consommation et abus parfois même.

Tels étaient et tels peuvent être encore les vins de Champagne, dès qu'on se bornera à les préparer avec des crus de choix, sans avoir recours à l'alcool et au tannin, dont l'emploi produit l'effet opposé à celui des vins fins naturels.

Les exigences anglaises ont puissamment contribué à l'altération de la pureté primitive du goût des vins de Champagne. La plupart des Anglais, sans s'inquiéter de la nature des crus de France qu'ils demandent, veulent absolument des vins qui aient du *corps,* beaucoup de goût, de l'épaisseur même. Ils voudraient, enfin, rencontrer toujours de ces années exceptionnelles, comme 1811, 1815, 1825; ceci étant tout à fait impossible, on a voulu suppléer à la pauvreté des récoltes par le secours de vins étrangers ou des spiritueux. Cette prétention est exorbitante. Nous pensons que tout gourmet qui a sérieusement étudié les vins, reconnaîtra que l'amélioration des grands crus, dans le but de donner du *corps*, est impossible en ce qu'on enlève ainsi le bouquet que rien ne peut remplacer, le goût distinctif du cru et la finesse, qualités qui, réunies, constituent un vin parfait. Enfin, vous perdez en bouquet, par l'adjonction de l'alcool ou d'un mélange, ce que vous gagnez en corps, vous détruisez l'unité sans laquelle il n'y *a pas de grand vin.*

Malgré ces graves inconvénients, les exigences anglaises se sont maintenues ; on a absolument voulu de la couleur, du corps et beaucoup de goût dans les vins de Bordeaux, de Bourgogne rouges, comme dans les vins mousseux ; on en a voulu quand même. Qu'en est-il résulté ? Une fausse direction donnée aux consommateurs, et qui les a complétement sortis de la bonne voie, en laissant ceux qui, parmi eux, ont conservé la bonne tradition et le goût des vins purs, fort embarrassés de savoir où trouver des qualités distinguées et sans mélange.

Cependant, selon nous, le moment est arrivé où une réaction semble devenir inévitable. Les abus que nous signalons se découvrent peu à peu, et c'est de l'Angleterre même que devra sortir la réforme : car là se trouvent de vrais connaisseurs à même de mettre le prix aux grands vins, et qui sont déjà mécontents autant que fatigués de tous les vins français falsifiés qu'on leur présente.

Revenant au vin mousseux, nous dirons que ce doit être un vin de luxe ; que le mérite de la mousse n'est rien, absolument rien, du moment que la finesse et le goût pur du fruit ne le distinguent pas ; que, loin de servir sur la table des véritables amateurs de monstrueuses imitations, il convient, au contraire, en ce moment, de relever les hautes qualités, afin de les séparer entièrement des vins de pacotille, auxquels, tôt ou tard, il faudra renoncer dans tous les pays, et que les vrais gourmets doivent proscrire à jamais. L'Angleterre exigera toujours des vins riches, mais elle saura payer ceux qui posséderont cette qualité par *leur propre nature, sans secours étrangers.*

Aujourd'hui que la Champagne ne se borne pas, pour ses mousseux, à l'emploi des vins d'Aï, Pierry, Mareuil, et qu'elle utilise ses bons vins de Bouzy, Verzenay et autres, elle peut arriver à produire beaucoup de qualités distinguées, si elle ne suffit pas entièrement aux besoins de la consommation. L'essentiel, c'est que la supériorité de ses premiers crus soit assez grande pour les séparer facilement des vins au rabais, qu'on prépare en masse aujourd'hui. Sans cette direction, l'on finira par compromettre le commerce des vins mousseux, et l'on ajoutera aux inquiétudes des vrais amateurs, qui ne savent déjà plus où ni comment se procurer d'une manière certaine de véritables types.

On peut expliquer comment les hommes privés de vin et de toutes les sensualités de la table font usage des boissons les plus fortes ; mais comment admettre que des gens du monde, qui chaque jour font usage de vin, et de vin fin, recherchent des qualités chargées d'alcool qui peuvent, en peu de temps, ruiner leur santé? C'est ce que l'on ne saurait comprendre.

Nos observations sur les effets de l'alcool sont telles, que nous oserions soutenir ceci : les mœurs de l'Angleterre seraient modifiées en peu d'années, si la population renonçait à l'usage des alcools ; et parmi les gens riches ou aisés qui font un emploi trop fréquent des Porto, Madère et Xérès chargés d'eau-de-vie, on verrait beaucoup moins de disposition à l'ennui, aux idées noires, et enfin à cette mélancolie, exceptionnelle pour ce pays, qu'on nomme le *spleen.*

DES VINS DE BOURGOGNE MOUSSEUX.

Nous arrivons maintenant à parler des vins de Bourgogne mousseux, introduits dans le commerce depuis environ vingt-cinq ans.

En 1818, au retour d'un long voyage à l'étranger, frappé de l'accroissement progressif et considérable des débouchés, nous prévîmes (ce qui ne manqua pas d'arriver bientôt) l'insuffisance des produits de la Champagne en rapport avec la consommation. Ceci nous conduisit, après de longues observations et une étude minutieuse de la nature des vins de Champagne, comparée à celle des vins de la Côte-d'Or, à trouver une grande analogie entre le fruit et le goût du vin des deux vignobles. En effet, prenez un premier choix à Savigny, Beaune, Pomard et Volnay, comparez avec les premiers crus de la Champagne, vous serez frappé du rapport qui existe entre ces vins. Seulement (et nous pensons qu'on ne nous le contestera pas) le bouquet dans la Côte-d'Or est plus prononcé, et ses vins ont naturellement plus de *corps*. Le plant de Champagne le plus estimé est connu sous le nom de *plant de Beaune*. La côte de Beaune devait donc suffire et donner des vins d'une qualité au moins égale à ce qui se fait de meilleur en Champagne. C'est effectivement le résultat que nous obtînmes dès 1822 en convertissant en vin mousseux la cuvée de M. de Changey, une des premières de Beaune. Nous savons qu'il existe encore de ce vin en Angleterre et qu'il a conservé sa qualité. L'application des procédés de la Champagne aux produits de la Côte-d'Or créait donc les moyens de suffire aux demandes de grands vins, et évitait le danger de tomber dans les crus secondaires de la Champagne ou d'autres imitations détestables.

De toutes les versions ridicules et absurdes dont on s'est servi pour attaquer ce nouveau produit, il n'est rien resté, rien que le préjugé et ce dernier refuge des opposants : *Le bourgogne mousseux est bon, mais il est trop fort!*

Après avoir opéré, depuis 1822, sur plus de cinq millions de bouteilles et fait tous les essais possibles, on nous accordera au moins quelque expérience. Eh bien ! nous déclarons que dans les années les plus riches, en employant aujourd'hui, non plus des vins de Beaune ou Volnay, mais les premiers choix de la côte de Nuits, tels que Nuits, Vosne, Tâche, Richebourg, Chambertin, Romanée et clos de Vougeot, nous n'arrivons que très-difficilement, dans les meilleures années même, à obtenir des vins qui aient assez de *corps* pour l'Angleterre ; mais aussi, nous y arrivons sans le secours de l'alcool, du tannin, sans aucun agent étranger, enfin comme le font les maisons de la Champagne qui s'attachent consciencieusement à l'emploi des premiers crus de ce vignoble.

Cette dernière version : « *Les vins de Bourgogne*

mousseux sont trop forts,» doit donc tomber comme toutes les autres.

Nous dirons maintenant que pour l'Angleterre particulièrement, nous avons, dès 1825, reconnu la nécessité de toucher aux grands crus de la côte de Nuits pour arriver à donner assez de corps tout en conservant la pureté du goût du vin. Mais aussi pensons-nous être arrivé, par ce moyen, à un degré de perfection inimitable par tout autre vignoble.

Le bourgogne est un vin généreux sans être irritant ni incisif, onctueux sans être lourd; il a ce qu'il faut pour se conserver admirablement comme vin mousseux, sans la moindre substance étrangère, et ce mérite, pour les grands et véritables connaisseurs, ne peut être suppléé par rien. Du vin de Bourgogne mousseux d'une bonne année, qui a huit ou dix ans, peut satisfaire le gourmet le plus fin et le plus difficile. Tous les efforts de la Champagne pour s'élever aux mêmes avantages, sont et resteront infructueux. Le seul moyen de conserver son rang, c'est de rester elle-même avec sa finesse, sa légèreté, sa vivacité et la grande pureté de goût qui distinguent *ses premiers crus;* mais, dès qu'elle céderait à la maladie de l'époque de tout dénaturer sous le prétexte d'améliorer, de vouloir donner beaucoup de *corps* et du ton à des vins qui n'en ont pas, qui n'en eurent jamais et ne peuvent en acquérir, puisque cela n'est pas dans leur nature, elle descendrait de son rang au lieu de monter.

La Bourgogne, en se livrant à la préparation de vins mousseux secondaires, a commis la plus lourde, la plus impardonnable de toutes les fautes. Lorsqu'on veut imiter, il faut atteindre au moins le produit primitif (il faudrait le surpasser); mais prétendre que des vins de deuxième, troisième et dernière classes, rivaliseraient avec des vins connus depuis longtemps et aimés, c'était une véritable aberration de l'esprit de spéculation. Les conséquences ont été ce qu'elles devaient être, mais ces fautes ne renversent pas le principe. Qu'on dispose des grands crus de la Côte-d'Or en vins mousseux, avec le tact et les soins qu'exige l'art de faire ces vins, et jamais la concurrence d'aucun vignoble ne pourra faire descendre les Clos-de-Vougeot, Romanée, Chambertin, Tâche, Richebourg, Volnay, Pomard et Beaune du rang qui leur fut de tout temps assigné par les vrais gourmets comme vins rouges, et, par conséquent, comme vins mousseux; car, aujourd'hui, il serait trivial de soutenir qu'ils ne réunissent pas toutes les qualités apparentes du Champagne.

La supériorité du vignoble de la Côte-d'Or sur celui de la Champagne n'a jamais été contestée; elle ne pourrait pas l'être raisonnablement, et quant à la conversion des produits à l'état de vin mousseux, le problème est depuis longtemps résolu de la manière la plus évidente.

Si l'on considère que, depuis 1818, depuis vingt-cinq ans, nous n'avons eu de vins réellement très-spiritueux que les 1822, 25 et 34, on regardera comme chimérique la prétendue force des vins de Bourgogne mousseux, et l'on reconnaîtra que la Côte-d'Or elle-même, dans bien des circonstances, n'obtient pas le corps suffisant pour l'Angleterre, la Russie et l'Inde. Dans cette série des vingt-cinq dernières années, nous citerons 1818, 20, 21, 23, 24, 26, 28, 29, 30, 31, 35, 36, 37, 39 et 41, comme ayant donné des vins trop légers pour ces pays. Seulement, le vignoble de la Côte-d'Or, placé plus au midi que la Champagne, arrive plus souvent à une maturité suffisante du raisin; dès lors, il a un avantage incontestable.

La conséquence de ce raisonnement est : que les premiers crus de la Champagne, réunis à ceux de la Bourgogne, peuvent suffire à la consommation des grands vins, et qu'il est de l'intérêt des deux pays de s'entendre, pour ne livrer que des qualités distinguées, afin de scinder entièrement et séparer à jamais leurs produits des monstrueuses imitations qui inondent le globe aujourd'hui.

C'est ici le cas d'observer que les vins mousseux, mis en bouteille six mois après la récolte, conservent plus exactement leur rang et leur classification que les vins rouges exposés, pendant trois, quatre et cinq ans et plus, aux phénomènes de la fermentation, dont les effets ne peuvent être mathématiquement observés, ni combattus d'une manière évidente, pas plus par la science que par la pratique.

Les chances de maturité en Bourgogne sont beaucoup plus fréquentes qu'en Champagne, ce dernier vignoble étant plus au nord. Le moelleux, le bouquet et la richesse qui distinguent éminemment les vins de la Côte-d'Or, sont une garantie telle de leur durée, qu'on peut trouver de ces vins ayant dix, quinze et vingt ans, qui conservent entièrement leur mousse et leur qualité. Cette richesse, non point excessive, mais suffisante, permet d'obtenir des vins très-remarquables par leur durée, uniques même pour l'Angleterre par leur *corps naturel* qui, en assurant leur conservation, laisse constamment s'accroître le bouquet en vieillissant, tandis que l'effet opposé serait évidemment produit dans les vins alcoolisés ou saturés de tannin.

Nous n'écrivons point ces notes pour des hommes à préjugés, mais bien pour les vrais connaisseurs, de qui nous avons toujours recherché les avis et les conseils, dans le but d'atteindre à toute la perfection qu'on peut attendre des vins remarquables de Bourgogne mousseux, dès qu'on ne descendra pas au-dessous des Savigny, Beaune, Pomard et Volnay, pour rivaliser avec Mareuil, Pierry et Aï, et qu'on prendra des Nuits, Tâche, Richebourg, Clos-de-Vougeot et Chambertin, pour les opposer à des Verzenay et des Bouzy.

Depuis que nous avons mis dans le commerce les vins de Bourgogne mousseux, c'est-à-dire depuis vingt-cinq ans (1), une fièvre s'est emparée de tous les esprits, et de la Loire jusqu'aux bords du Rhin, en Suisse, à Marseille comme en Crimée, on a prétendu faire du champagne ou du bourgogne mousseux. Cette extravagance (qu'on nous passe l'expression) n'a produit que les résultats qu'on devait en attendre, c'est-à-dire des vins médiocres, mauvais ou détestables, tels enfin, et dans la proportion des qualités, que les produisaient les vignobles avant la maladroite innovation qui a laissé penser aux exploitants qu'avec de la mousse on tromperait tous les goûts.

Ce déplorable système ne pouvait avoir une longue durée. Il a commencé par faire des dupes en Amérique et dans toutes les colonies, puis après il a

(1) Écrit en 1845.

ruiné le commerce des vins mousseux dans ces pays. Il a encombré les docks de Londres, mais là il y a eu résistance, et bientôt la perte totale des capitaux engagés repoussera pour toujours ces détestables produits.

La Russie, par ses droits excessifs, se trouve à peu près à l'abri de cette fâcheuse concurrence.

La France et quelques ports libres restent donc encore comme un refuge pour ces abominables vins, ainsi que les colonies les plus éloignées; mais on commence à en reconnaître l'abus, et l'indignation qui se soulève enfin contre l'emploi de l'alcool et de l'eau, fera peut-être comprendre au gouvernement qu'il est temps de sévir contre ces scandaleux excès.

Quant à nous, nous avons prétendu, nous prétendons encore qu'il y a à peu près identité entre les grands vins de la Champagne et ceux de la Côte-d'Or, bien qu'il y ait supériorité et supériorité marquée dans ces derniers. Notre travail de 1822 nous a donné un résultat complet et tel, qu'il a été très-difficile, sinon impossible, de le surpasser depuis.

M. A. Jullien, dans la *Topographie de tous les vignobles connus*, ouvrage fort considérable, qui a dû nécessiter d'immenses recherches, dit fort peu de chose des vins de Bourgogne mousseux. A l'article *Vins blancs*, page 103, édition de 1832, il intercale ce modeste paragraphe :

« Vins mousseux. — Depuis quelques années on « en prépare beaucoup dans le département de la « Côte-d'Or. Ceux que l'on fait avec les vins rouges « des meilleurs crus réunissent, au plus *haut degré*, « toutes les qualités qui constituent les vins *parfaits* « *de cette espèce ;* ils ont plus de *corps et de spiri-*

« *tueux* que ceux de la Champagne, mais ils sont « moins légers et moins délicats. »

Tout le monde sait que M. Jullien était le représentant exclusif, à Paris, d'une maison fort considérable de la Champagne ; aussi remarque-t-on avec quelle complaisance, avec quelle mansuétude il s'étend sur tous les mérites des vins de Champagne, lorsque, pour la Côte-d'Or, il se borne à quelques mots. Mais, remarquons-le bien, en écrivain consciencieux, il ne peut pas se décider à taire la vérité; seulement, il la glisse à travers un gros volume, l'intercale parmi les vins blancs de la côte de Beaune, lorsque les bons vins mousseux doivent être le produit de raisins rouges et des meilleurs. Mais enfin prenons ce paragraphe tel qu'il est, et remarquons bien cette phrase : « *Ceux que l'on fait avec les vins* « *rouges des meilleurs crus réunissent, au plus haut* « *degré, toutes les qualités qui constituent les vins* « *parfaits de cette espèce; ils ont plus de corps et de* « *spiritueux que ceux de la Champagne, mais ils* « *sont moins légers et moins délicats.* »

Cette opinion suffit pour confirmer tout ce que nous avons dit de la supériorité des vins mousseux de la Côte-d'Or sur ceux de la Champagne, quant à la consommation de l'Angleterre. C'est un fait acquis, mais ce n'est point assez; nous prétendons encore qu'on trouve dans la Côte-d'Or des vins plus délicats, plus fins que ceux de la Champagne. Nous nous bornons à citer comme point de comparaison : Chambolle, Musigny, Perrières, Vaucrains, dans la côte de Nuits; Volnay, Beaune, Pomard, Savigny, dans la côte de Beaune: tous les premiers crus de ces communes l'emportent sur les meilleurs de la

Champagne, si l'on a soin de comparer les vins des mêmes années.

M. Jullien a ménagé d'anciennes affections avec un tact qui ne blesse en rien sa conscience, mais nous trouvons qu'en peu de mots il en a dit assez pour placer les vins mousseux de Bourgogne à leur véritable rang, c'est-à-dire au *premier*.

Remarquons encore que dans sa classification, que nous sommes loin de considérer comme exacte en tous points, il place les vins de la Côte-d'Or dans la *première classe*, avec les Lafite, Latour, Château-Margaux et Haut-Brion, dans le Bordelais, les Ermitage dans la côte de ce nom, et ne range les Bouzy, Verzenay, Aï et autres de la Champagne, que dans la *seconde classe des vins de France.* — Est-ce assez clair? Et lorsque, dans cette seconde classe, il assimile les Bouzy et Verzenay aux vins de Nuits et Vosne de la Côte-d'Or, nous pensons qu'il dépasse encore la proportion, et que ces derniers l'emportent habituellement.

Si l'on arrive aux vins blancs, la proportion est encore bien plus forte. Les bons vins de Meursault, Puligny, Montrachet, supérieurs aux Chablis et Pouilly, le sont encore bien plus aux vins blancs du Mesnil, d'Oger, d'Avize et Cramant, les meilleurs cependant de la Champagne. Il ne nous paraît pas nécessaire d'aller plus loin pour constater la supériorité des vins de la Côte-d'Or sur les meilleurs crus de la Champagne. Le laconisme de M. Jullien sur ce point, pour tout observateur judicieux, ne servira qu'à donner plus de force à notre opinion, lorsqu'on connaîtra les affections ou les intérêts qui ont paralysé sa plume. Pourquoi se borner à jeter quelques mots dans un article « *vins blancs,* » lorsque tout le monde sait que les seuls vins mousseux vraiment distingués sont ceux que l'on extrait du raisin rouge dont on a soin de ne pas détacher la couleur?

On prépare des vins mousseux, dans la Côte-d'Or, depuis plus de vingt-cinq ans ; cette opération n'est plus à l'état d'essai, et les 1840 comme les 1842 ne laissent absolument rien à désirer. Comme le dit M. Jullien, ils *constituent les vins parfaits de cette espèce.*

La préoccupation de M. Jullien en faveur de la Champagne ne lui permettait pas de juger avec l'impartialité désirable la question des vins de Bourgogne mousseux. Il commet même (page 105, édition de 1832) une grosse erreur, lorsqu'il dit : « Cette propriété (la propriété de mousser) est com- « mune à presque tous les vins *blancs* de Bourgogne, « mais on fait rarement cet essai sur ceux de pre- « mière qualité. La mousse, d'ailleurs, casse beau- « coup de bouteilles et se perd ici au bout de quel- « ques mois, tandis que les vins de Champagne la « conservent pendant plusieurs années. » Nous sommes fâchés de le dire, tout cela est de la plus complète inexactitude.

Posons d'abord un principe : vingt-cinq années d'expériences continuellement répétées nous ont démontré que, quand on a développé le principe mousseux dans un vin, plus ce vin a de corps (mais de corps naturel, bien entendu), *plus la mousse a de durée.* Ceci d'accord, tous les vins de la Côte-d'Or doivent, proportion gardée, conserver et conservent en effet plus longtemps leur mousse que les vins de la Champagne. Nous avons en ce moment (1845) des 1827 très-mousseux, et nous connaissons de nos 1825 et 1822 à l'étranger qui ont cette qualité. On ne comprend vraiment pas qu'un homme aussi expérimenté que M. Jullien ait pu dire que le vin de Bourgogne perd sa mousse *au bout de quelques mois!* Nous combattons de toutes nos forces une opinion aussi erronée et soutenons, au contraire, que le grand mérite des vins de Bourgogne mousseux, c'est celui de vieillir admirablement et avec plus de succès même que les vins rouges. Les vins mousseux de ce pays, nous parlons des vins de premier ordre, ne sont bons que vers la quatrième année, tout au plus, et n'arrivent à leur perfection que de six à huit et dix ans! M. Jullien n'étant plus là pour nous répondre, il nous est imposé de ne pas insister davantage; il y a des faiblesses ou des affections honorables, et nous respectons celles qui le portaient à tourner ses regards vers la Champagne. La vicacité des sentiments, sans altérer le jugement dans une bonne organisation, en atténue parfois la force et l'expression; c'est ce qui nous paraît gêner et dominer la rédaction de l'auteur de la *Topographie de tous les vignobles connus.* Mais, nous le répétons, son éloge des vins mousseux de la Côte-d'Or, sans être exact ni complet, nous suffit parfaitement. La Côte-d'Or aura peut-être un jour aussi son apologiste; la question sera franchement engagée, loyalement discutée; et justice, *avec le temps*, sera rendue à chacun.

Nous avons donc pensé et nous pensons encore que de l'or produit en Champagne ou en Bourgogne, dès qu'il est au même titre, doit avoir le même cours.

Les mauvaises imitations sont de tous les temps, de tous les lieux, de tous les États, mais elles ne prouvent rien aux yeux de l'observateur ; ce n'est que de la fausse monnaie. Nous émettons notre opinion plutôt dans l'intérêt des vrais gourmets, dont le sort nous semble réellement à plaindre et qu'il faut enfin garantir contre l'invasion des vins fabriqués, que pour appeler là-dessus l'attention du gouvernement. Cette tâche n'est pas de notre ressort, et, d'ailleurs, le fisc en France n'a pas d'oreilles ; il exige impérieusement, durement, des impôts excessifs ; du moment qu'on paye, c'est assez ; nous laissons à d'autres une mission si laborieuse. Notre seul désir serait de fixer le goût du consommateur qui s'égare de plus en plus, ne rencontrant presque jamais le véritable type qui peut le ramener dans la bonne voie.

L'usage des vins fins et naturels est aussi agréable et salutaire que celui des vins doux et alcolisés est faux et dangereux. Nous voudrions, autant que possible, compléter ces renseignements, en indiquant à peu près les moyens qui peuvent conduire à distinguer les vins naturels des vignobles que nous venons de citer. Nous essaierons de le faire à la fin de ces notes ; nous donnerons des indications, reconnaissant qu'il est impossible de bien préciser et de rendre tout à fait sensible notre opinion (1).

(1) Tout le monde regrettera comme nous que ce travail si important n'ait pu être fait. J. L.

CONCLUSIONS.

Il se peut que notre opinion sur le commerce des vins fins et les propriétaires qui les récoltent, exprimée avec une franchise que les circonstances et l'époque ont paru commander, blesse les intérêts, les combinaisons et l'opinion de quelques personnes. Nous le regretterions; mais nous avons pensé, d'une part, que la vérité devait être proclamée, et que, de l'autre, le commerce consciencieux et régulier ne méritait pas moins d'intérêt que celui qui ne respecte rien et ne prospère que par la fraude et le renversement de tous les principes; d'ailleurs, cette question, bien comprise, est dans l'intérêt même des propriétaires de vignes fines, autant que dans celui du commerce qui se livre à la vente des grands vins, attaquée par la fraude d'une manière vraiment inquiétante.

Après avoir ouvertement blâmé les propriétaires, nous devons dire qu'ils ne sont pas les seuls à blâmer. L'*administration* (ce mot nouveau par l'abus qu'on en a fait en France) a remplacé avec luxe les exigences des gouvernements les plus despotiques.

Elle est devenue tellement impitoyable, tellement en dehors des intérêts des administrés, qu'elle ne semble plus occupée que des moyens de faire produire à l'impôt le chiffre le plus élevé possible, sans faire le moins du monde la part du sort de la population laborieuse qu'elle écrase et paralyse par l'application soupçonneuse et vexatoire de la loi.

Les progrès de l'impôt, ou même son maintien, mis en rapport avec l'accroissement continuel de la dette publique, malgré trente années de paix, sont effrayants pour l'homme qui réfléchit aux conséquences qu'un tel état de choses peut amener. Mais depuis qu'on a érigé en principe qu'élever la dette d'un pays c'est augmenter sa force, tous nos hommes politiques, ou prétendus tels, poussent vers ce but avec la plus aveugle intrépidité; et, sauf l'intérêt de leur fortune personnelle ou celui des agioteurs qui les dirigent en se jouant d'eux, on pourrait demander ce que la France y a gagné et y gagnera.

Il n'y a, pour expliquer l'existence des douanes et l'exercice de l'impôt indirect, que l'impérieuse loi de la nécessité ; autrement, on devrait les supprimer à cause des dangers moraux qu'ils entraînent. Prenez une nation vierge, non encore entachée de tous les vices de la civilisation ; établissez chez elle votre système des douanes, octrois et droits réunis, vous en ferez, en moins de dix ans, une nation aussi corrompue que les peuples les plus dégradés de notre vieille Europe. On partagerait notre opinion si l'on se doutait des efforts, de l'audace, de la ruse, de l'habileté qu'emploient les fraudeurs pour se soustraire à des droits qu'ils considèrent comme iniques.

Non-seulement l'impôt direct est fort lourd, mais

encore l'impôt indirect. Ce dernier, par ses entraves, ses charges et son exercice, gêne toutes les opérations du travailleur, lui arrache d'énormes sommes extraites de ses sueurs, du plus pur de son sang. Cet impôt a doublé de gravité depuis que les gouvernements, dans la crainte de tirer le canon, se font la guerre à coups de douane et refoulent ainsi sur l'intérieur de la France les produits qui devraient être exportés. Chaque jour on ruine ou paralyse davantage le commerce d'exportation par des mesures répressives ou des droits qui équivalent à une prohibition, ce qui n'empêche pas d'exiger du commerce les mêmes impôts. Nous en sommes arrivés à ce point de n'avoir plus à citer des exemples ; mais, restant dans notre spécialité, nous dirons :

Que le système prussien, adopté par toute l'Allemagne, a ruiné le commerce des vins de France dans ce pays ;

Que les droits excessifs en Russie ont arrêté le développement du commerce des vins sur ce point, qui reste à peu près stationnaire depuis trente ans, et favorisé, au moyen des vins de Crimée ou du midi de l'empire, des imitations qui, bonnes ou mauvaises, tendront encore à réduire nos exportations, si quelques hommes habiles sont placés à la tête des vignobles de ce vaste pays. (Nous apprenons de source certaine que Moscou, par exemple, ne reçoit pas aujourd'hui la moitié de ce qu'il importait en vin de Bordeaux il y a quinze ans, et que les vins de Crimée entrent déjà pour beaucoup dans la consommation de cette importante cité) ;

Qu'en Angleterre, le droit, porté encore à 375 fr. par barrique de 2 hecto 28 litres, rend la consommation des vins secondaires nulle, et que l'incertitude d'un traité de commerce, dont on parle sans cesse et qu'on ne réalise jamais, paralyse les affaires au point que chaque négociant n'opère plus qu'au jour le jour et renonce à toute spéculation;

Que le débouché en Amérique est devenu nul par des causes inhérentes à ce pays et l'établissement de droits dont nos vins n'étaient pas frappés autrefois.

Nos théoriciens et nos hommes d'État, pour prouver la prospérité du commerce, nous jettent sans cesse à la tête le chiffre des exportations! Mais que diraient-ils s'ils arrivaient à trouver le résultat final de ces opérations? Avec l'Amérique, par exemple, ne pourrait-on pas prouver que depuis la crise commerciale de ce pays, 100 millions d'exportations n'ont pas fait rentrer 10 millions en France, et qu'elles ont, par conséquent, donné 90 0/0 de perte? Sur bien d'autres points, les meilleures combinaisons ne donnent que le pair tout au plus. Ce prétendu succès, c'est véritablement la fortune de l'emprunteur sur gages, c'est-à-dire la ruine du commerce. Disons encore qu'en France l'exercice des impôts indirects et les droits excessifs de l'octroi ont réduit ou paralysé la consommation, puis amené la création d'un produit fictif, qui ne tend à rien moins qu'à ruiner la propriété et le commerce régulier.

En présence de pareils faits, chercher des remèdes ailleurs que dans les modifications qu'apporterait le gouvernement dans ses dispositions, ce ne serait qu'un rêve qui résulterait de la misère, des besoins des populations vinicoles, du moment que chacun n'appliquerait pas au mal les seuls remèdes qui puissent être efficaces : *réduction des droits en France; suppression de l'exercice; son remplacement par un droit fixe, en laissant la libre circulation; abolition de la fraude; protection du gouvernement quant à l'exportation des vins; et enfin, quant aux propriétaires, un meilleur système de culture.* Dans certains vignobles on trouve des vins qui se vendent, parfois, y compris les tonneaux, 15 à 20 fr. la barrique ou les 2 hecto 28 litres; déduisez le fût, les frais de récolte, de culture et les impôts, il ne reste pas 3 ou 5 francs nets au propriétaire; et ces vins, pour arriver au consommateur de Paris, supportent 20 à 25 fr. de transport, plus 46 fr. d'entrée, c'est-à-dire 14 fois le prix net du vin, sans que le propriétaire soit exempt de l'impôt foncier!

Quant à la France, quant à Paris surtout, les seules dispositions du décret impérial cité par M. Lanquetin suffiraient pour réprimer les abus; s'ils se sont perpétués, c'est que sans doute il n'a pas convenu à l'autorité d'y mettre fin.

Le gouvernement devrait considérer que la plupart des terres qui produisent les vins fins, terres très-fortement imposées, ne rendraient rien si, au lieu de la vigne, on y cultivait des céréales. C'est donc bien là une mine à exploiter, et que tout le monde a intérêt de maintenir dans toute sa valeur, puisqu'en état de culture de vigne, cette terre représente quatre, six et dix fois peut-être le capital qu'elle atteindrait en y semant seulement du grain.

Ce qui fit la force de Napoléon, c'est qu'il était essentiellement moral, quoi que puissent en dire ses détracteurs; ennemi des intrigants, des agioteurs, des fournisseurs; ennemi de ces hommes habiles, dont nous a infesté le Directoire, puis après la Restauration, escamoteurs titrés, titrés escamoteurs, marchant avec audace vers un but honteux et désorganisateur, lorsque lui voulait qu'on franchît l'espace avec courage pour fonder, avec sa prospérité, l'honneur et l'avenir de la France. Il recherchait les hommes à principes; aujourd'hui on les évite, on les abreuve de dégoût; ils se cachent, honteux du tableau qui nous humilie, et ne sont plus considérés par nos habiles que comme des niais. Il s'entourait des Monge, des Lanjuinais, des Daru, des Lacuée, des Drouot; il estimait Carnot, ce républicain pur, qui oublia les faiblesses du grand homme dès que la patrie eut besoin de lui; il rendit hommage à l'intégrité de Gassendi. Pourquoi? C'est qu'il comprenait, mieux que qui que ce soit avant lui, que l'honneur est le seul principe gouvernemental qui convienne à la France.

Mais arrêtons-nous, la politique n'est pas de notre ressort. Si nous jetons une pensée en avant à ce sujet, c'est qu'il est permis de gémir de la manière dont le commerce est compris, représenté et protégé en France. Les hommes spéciaux manquent, et ceux qui les remplacent semblent dire que le commerce ne mérite d'intérêt que par le payement de l'impôt! Espérons que des esprits graves, véritablement éclairés, amis de leur pays et de l'humanité, comprendront que les travailleurs, accablés par d'énormes charges qu'on prélève sur leurs sueurs, ont aussi des droits à l'attention des gouvernements. La protection toute particulière exclusivement accordée aux hommes d'argent, les fortunes scandaleuses qui s'improvisent en Europe en faveur de quelques-uns, au détriment de tous, prouvent plutôt l'incapacité et la démoralisation des temps modernes que leur génie.

1847.

Depuis que ces notes sont écrites, un homme célèbre a émis, avec un courage digne de sa noble organisation, les véritables principes qui devraient servir de bases commerciales aux gouvernements qui se disent civilisés. Jamais la question n'a été traitée d'une manière aussi large, aussi élevée ; c'est avec de tels principes qu'on peut ennoblir le commerce, et doubler, décupler son importance. Le commerce ainsi fait stimule l'esprit, grandit le caractère des peuples, et conduirait évidemment au bien-être général, tandis que les droits qu'on nomme protecteurs (et qui seraient bien plus exactement qualifiés sous le nom de droits corrupteurs) éteignent le génie, énervent l'esprit et favorisent p.us souvent, comme tout privilége, la paresse, l'intrigue, l'incapacité ou l'immoralité des nations, qu'ils ne les éclairent ou les civilisent. Honneur donc à Robert Peel ! Sa pensée est celle d'une organisation éminemment supérieure ; tôt ou tard elle triomphera, si les peuples ne marchent pas vers leur décadence.

C'était certainement à la France à prendre l'initiative dans cette question de libre échange : l'intelligence de sa population, le génie créateur de ses peuples, son goût, son tact, sa promptitude dans l'exécution, lui permettront de prétendre au premier rang, du moment que le travail sera stimulé par l'émulation et que les chances de succès ne seront pas anéanties par l'esprit de privilége. Oui, la France, en lui inculquant les vrais principes du commerce, en lui assurant la protection du gouvernement, avait, avec de la persévérance, cette persévérance énergique qu'apportent les Anglais dans toutes leurs entreprises, plus à gagner que toutes les autres nations de l'Europe à la liberté du commerce. L'excédant du produit territorial doit, selon nous, passer avant l'industrie qui ne s'exerce qu'en achetant le produit primitif à l'étranger ; les frais attachés aux objets manufacturés sont immenses, le net qui rentre en France est souvent fort modique, tandis que les vins, les eaux-de-vie, les alcools, les huiles et beaucoup d'autres produits du Midi, rentrent à peu près nets et enrichissent véritablement le pays. Sans des dispositions de douane violentes, absurdes à l'égard de l'étranger, la France devrait doubler, tripler peut-être, l'exportation de ses vins ; elle devrait enfin s'en préoccuper, comme les colonies des sucres et des cafés.

Nous avons toujours gémi de voir l'industrie française se jeter à corps perdu dans la culture de la betterave ; l'ouverture de l'année 1847 fait naître à ce sujet de tristes et graves réflexions. Comment! dans un pays où par une seule récolte qui vient à manquer, vous êtes menacés d'une famine, vous encouragez la culture du sucre indigène au détriment de celle du blé, lorsque nos colonies peuvent vous fournir de sucre à un prix modéré? C'est là, il faut en convenir, une haute imprudence.

Vos droits protecteurs rentrent tout simplement dans l'esprit de privilége auquel on revient par des formes et des voies différentes, mais qui, peu à peu, s'infiltre dans les idées de nos gouvernants, et nous prépare peut-être de nouveaux désordres. Etes-vous donc si loin de 89, que vous ne puissiez vous souvenir des causes où cette première révolution puisa son principe et sa force gigantesque?

Le monopole des tabacs; l'impôt sur le sel ; les détenteurs de rentes pour une somme exagérée (qui ne fera que s'augmenter encore) exempts d'impôts ; les revenus de nos forêts doublés en faveur des plus grandes fortunes du pays, au moyen de vos droits protecteurs ; la vénalité des charges qui a semé tous les éléments de corruption, dans les états mêmes où la moralité devenait la plus utile, la plus indispensable des garanties ; tout cela, qu'est-ce donc, si ce n'est le privilége, privilége d'autant plus odieux qu'il n'est basé que sur la cupidité et toutes les mauvaises passions qu'elle engendre.

Toutes les parties qui se rattachent à la question vinicole, la culture de la vigne, le commerce des vins, méritaient l'attention du gouvernement. Le commerce des vins est incontestablement un de ceux qui exigent le plus d'études et de travail. Trente années d'expérience dans ce commerce ne sont rien : il y a toujours à apprendre, à perfectionner, à améliorer; il est pourtant incontestable qu'il est accablé de charges, soit directes, soit indirectes.

Il est une autre considération qui n'offre pas moins d'intérêt. Tous les travaux qu'exige la culture de la vigne, comme ceux que nécessite le soin des vins, demandent une population forte, intelligente, et ces travaux mêmes sont propres au développement du corps comme à celui de l'intelligence des populations qui s'y livrent. Comparez les populations manufacturières à celles des vignobles, et jugez ! La différence est frappante, comme force physique et comme force intellectuelle.

Avec votre prétendue balance du commerce, au moyen de vos combinaisons de douanes, qu'obtenez-vous ? Cette seule année 1847 doit être pour vous une grave leçon : entre rompre votre ligne de douanes et mourir de faim, il a bien fallu céder. Eh bien ! quel temps vous faudra-t-il pour rappeler de la Russie et de l'Amérique les millions qui viennent d'y être importés ? Quels moyens trouverez-vous pour rétablir l'équilibre ? Vous n'en trouverez pas. Savez-vous ce que vous favorisez par vos prohibitions ? Le monopole ou les grandes spéculations, qui causent de telles commotions que d'épouvantables catastrophes en seraient la conséquence inévitable. Avec le libre commerce vous n'éprouverez pas ces bouleversements. L'avantage du commerce, du commerce proprement dit, qui est l'intermédiaire entre le producteur et le marchand qui vend au consommateur, c'est de maintenir autant que possible l'équilibre dans le prix des marchandises ; avec la liberté du commerce on obtient une meilleure répartition des produits, le sang circule plus librement dans le corps social ; et le monopole, comme les chances de ces spéculations effrénées dont nous sommes témoins, serait bien moins à craindre.

Le véritable, l'unique principe du commerce, *c'est la liberté;* vous ne pouvez pas, vous n'osez pas l'admettre ? Soit : mais approchez-vous-en donc du moins le plus possible. Malheureusement, l'esprit fiscal domine et gouverne en France, et c'est là ce qui place une des nations les plus intelligentes du monde au dernier rang des nations commerçantes. C'est un grand, c'est un déplorable malheur.

FIN.

TRACÉ
DE LA
CÔTE-D'OR
INDIQUANT
qui produisent les bons vins
DE
DIJON à SANTENAY
Étendue d'environ

www.ingramcontent.com/pod-product-compliance
Lightning Source LLC
LaVergne TN
LVHW020039170826
845678LV00001B/340

* 9 7 8 2 3 2 9 6 9 4 4 4 3 *